吃饼干

观察图片，按照图片的顺序编故事。

小野兔妮妮

小朋友，请你根据下面的图画，说说小野兔妮妮今天在草地上找到了什么花，又发生了什么事。还有，请把每张图里的花或种子，用线和下面的照片连起来。

起风了

风从右边往左边刮，有哪些东西飞的方向是错的？请把它们圈出来。

到乡下看云

放暑假了，和到乡下玩，

乡下有一片好大的和好多。

一会儿变成，一会儿变成。

希望变成好大的，希

望变成，载着来看。

夏天的海边

夏天的海边真热闹，可是怎么会有人在烤火，有人穿大衣游泳呢？你还看到了什么奇怪的事情？请用笔把它们圈出来。

照顾小兔子

仔细观察图片，用这四张图片编一个故事。

搭天鹅船游湖

小熊和妈妈准备搭天鹅船游湖。说说看，湖上发生了什么事？坐天鹅船应该注意些什么呢？

每艘天鹅船最多只能载两只熊。

不可以玩水。

不可以跳来跳去。

数一数画面中天鹅船的数量和熊的数量，并把正确数字填写在对应方框里。

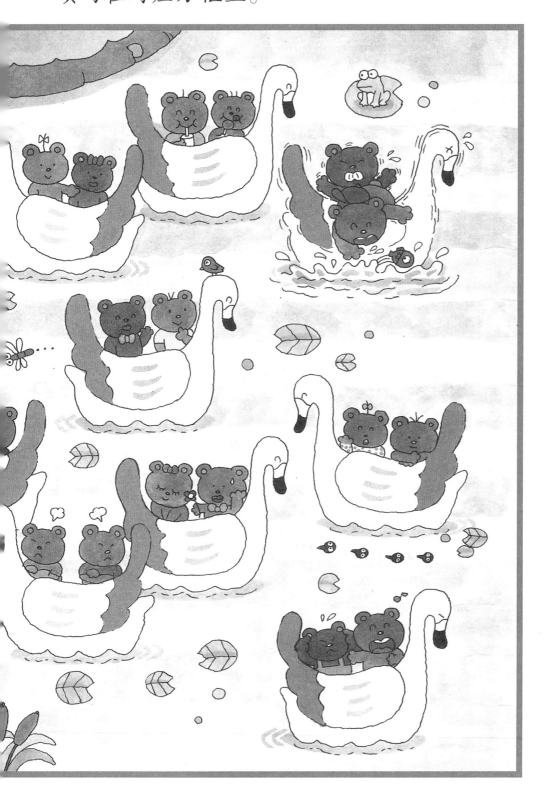

地震了怎么办

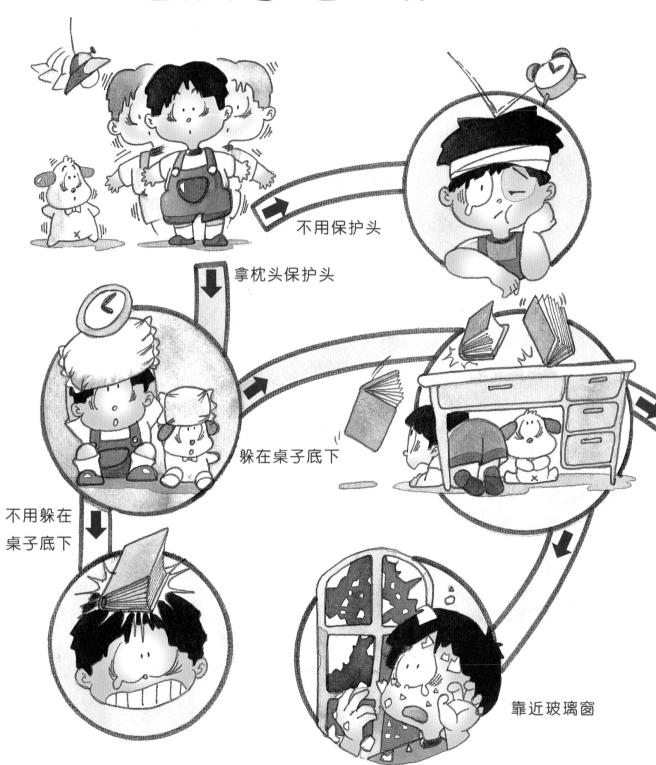

不用保护头

拿枕头保护头

躲在桌子底下

不用躲在
桌子底下

靠近玻璃窗

地震的时候，怎么做比较安全呢？请判断以下行为哪个是正确的，帮助小朋友到达安全地点。

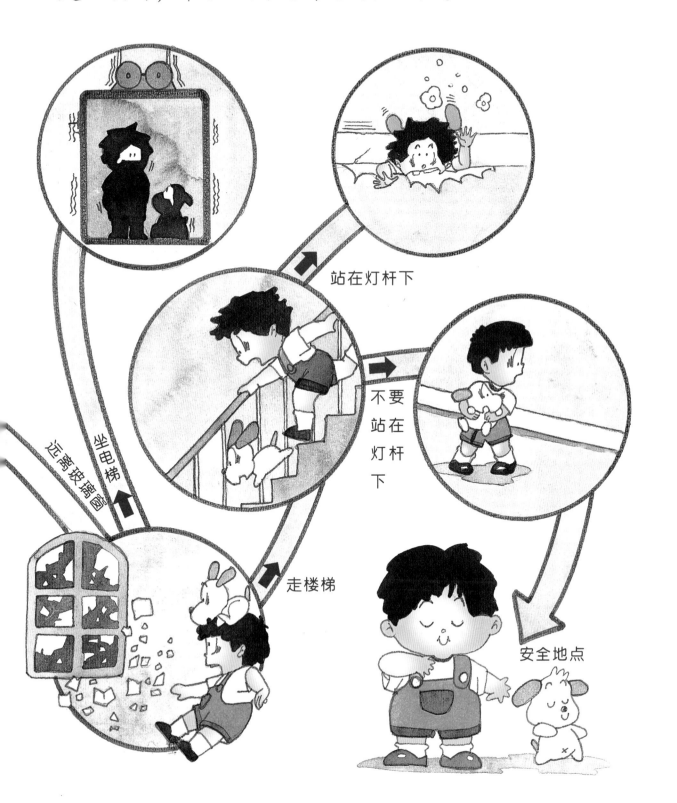

站在灯杆下

不要站在灯杆下

坐电梯

远离玻璃窗

走楼梯

安全地点

奇怪的事情

图中有哪些事情很奇怪呢？把它们圈出来，并说说原因。

找照片

小威和爸爸在游乐园拍了很多照片，可是有张照片和下面的实际场景不一样，请你找出这张照片并打钩，说一说哪里不一样。

礁石迷宫

海盗船必须经过危险的礁石迷宫，才能找到宝藏。海盗船该怎么开，才能避开危险，安全找到宝藏呢？

奇怪的海底世界

海底世界有什么奇怪的地方？请圈出来并说一说。

从前和现在

从前

现在

小朋友，你听长辈说起过自己从前的生活吗？从前的人使用的有些东西和现在很不一样。你知道下面第二排的图片和第一排的哪些图片有关系呢？请在相应图片的方框里写上相同的号码。

动物搭火车

请仔细观察下面的图片，并且试着编一个完整的故事。

小帮手

达达最喜欢帮助人了，遇到左边四张图里的情况，达达会怎么做呢？请把左右两边的图连起来。

该怎么做

感冒、牙疼、受伤时该怎么做才对？请你想一想，并在方框里打钩。

马路上的行为安全

小朋友们在马路上做什么呢？他们的行为安全吗？安全的请打钩，并说一说为什么。

危险的地方

在哪些地方玩游戏容易发生危险呢？请圈出来，并说一说为什么。

一天的生活

这一天，明明做了什么事情呢？请你说一说，并按照时间顺序在图上方框里写上 1、2、3、4、5、6。

要带什么

小熊想去赏鸟，请帮它准备一下要用的东西。请把可能用到的东西圈出来，并说一说为什么。

搭什么交通工具

小熊该搭什么交通工具去树林赏鸟呢？请剪下右边的交通工具，将适合的贴在起点，并看看小熊该走哪一条路，用笔把路线画出来。

终点

33

看图说故事

仔细观察这些图片，说一说发生了什么事。

哪一个是对的

请找出和以下四个句子意思相同的图画，并在○里涂上喜欢的颜色。

① 小狗在小猪和猴子的中间。

② 小猫追老鼠。

③ 小蚂蚁搬西瓜。

④ 猪站在河马背上。

大家一起玩

幼儿园里，好多小朋友在一起玩。请说一说他们在玩什么吧。

赏鸟

 带  去   ，他们带了

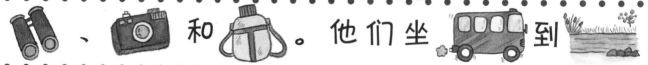 、 和 。他们坐 到

边。  站在  里，高兴得  ，结果，

 都  。  说：" ！不要  。"

原来，  也怕别人吵。

小鸭子

请看看这四幅图，说一说发生了什么事情。

相反词

上面 ●

干的 ●

晴天 ●

瘦的 ●

雨天 ●

脏的 ●

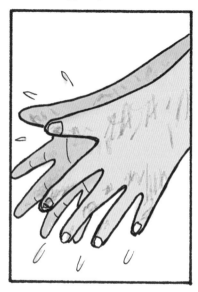

这些图是什么意思呢？请把意思相反的图连起来。

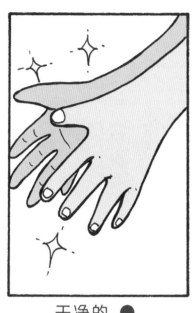

干净的 ●

里面 ●

胖的 ●

下面 ●

湿的 ●

外面 ●

盖房子

请仔细观察下图，编一个完整的故事。